圖書在版編目（CIP）數據

孝經·禮記／（春秋）孔子述；（西漢）戴聖編纂
．— 揚州：廣陵書社，2016.6
（文華叢書）
ISBN 978-7-5554-0555-9

Ⅰ．①孝… Ⅱ．①孔… ②戴… Ⅲ．①家庭道德—中國—古代②禮儀—中國—古代 Ⅳ．①B823.1②K892.9

中國版本圖書館CIP數據核字(2016)第127167號

孝經·禮記	
著　　者	（春秋）孔子述　（西漢）戴聖編纂
責任編輯	胡　珍　李　佩
出版人	曾學文
出版發行	廣陵書社
社　　址	揚州市維揚路三四九號
郵　　編	二二五〇〇九
電　　話	（〇五一四）八五二三八〇八八　八五二三八〇八九
印　　刷	揚州廣陵古籍刻印社
版　　次	二〇一六年六月第一版第一次印刷
標準書號	ISBN 978-7-5554-0555-9
定　　價	壹佰伍拾圓整（全叁册）

http://www.yzglpub.com　　E-mail:yzglss@163.com

孝經

（春秋）孔子述
（西漢）戴聖 編纂

廣陵書社
中國·揚州

禮記

時代變遷，經典之風采不衰；文化演進，傳統之魅力更著。古人有登高懷遠之慨，今人有探幽訪勝之思。在印刷裝幀技術日新月異的今天，國粹綫裝書的踪迹愈來愈難尋覓，給傾慕傳統的讀書人帶來了不少惆悵和遺憾。我們編印《文華叢書》，實是爲喜好傳統文化的士子提供精神的享受和慰藉。

叢書立意是將傳統文化之精華萃于一編。以内容言，所選均爲經典名著，自諸子百家、詩詞散文以至蒙學讀物、明清小品，咸予收羅，經數年之積纍，已蔚然可觀。以形式言，則採用激光照排，文字大方，版式疏朗，宣紙精印，綫裝裝幀，讀來令人賞心悦目。同時，爲方便更多的讀者購買，復盡量降低成本、降低定價，好讓綫裝珍品更多地進入尋常百姓人家。

可以想象，讀者于忙碌勞頓之餘，安坐窗前，手捧一册古樸精巧的綫裝書，細細把玩，静静研讀，如沐春風，如品醇釀……此情此景，令人神往。

讀者對于綫裝書的珍愛使我們感受到傳統文化的魅力。近年來，叢書中的許多品種均一再重印。爲方便讀者閲讀收藏，特進行改版，將開本略作調整，擴大成書尺寸，以使版面更加疏朗美觀。相信《文華叢書》會贏得越來越多讀者的喜愛。

有《文華叢書》相伴，可享受高品位的生活。

廣陵書社編輯部

二〇一五年十一月

出版説明

《孝經》是中國古代儒家倫理思想的代表作，共一千八百餘字，儒家十三經之一，相傳爲孔子所述。自西漢至魏晉南北朝，《孝經》的注解著作多達百種，現在流行的版本是由唐玄宗李隆基注、宋代邢昺疏的十三經注疏本。全書共分十八章，以孝為中心，主要闡述了『孝道』的基本理論，『孝道』與政治的關繫、『孝道』的實行等方面，它肯定了『孝』是上天所定的規範，『夫孝，天之經也，地之義也，民之行也』，指出孝是諸德之本，國君可以用孝治理國家，臣民能夠用孝立身理家，把『孝』的社會作用推而廣之，肯定了孝道對社會的作用。另一方面，書中所宣揚的孝道『等級論』、唯心主義的世界觀和以『孝』勸『忠』等思想，也需要區别對待。

《孝經》一書作爲倡導『孝行』的一面旗幟，肯定了尊老、敬老、養老、送老的原則，在人類的文明史上具有毋庸置疑的進步性，對於現代生活的和諧美滿也有十分重要的啓示作用，值得我們閱讀重温。

《禮記》是中華禮樂文明的代表作，許多内容是記述孔子言行，多數篇章可能是孔子弟子及其再傳弟子所作，兼收先秦的其他典籍。現行的《禮記》是西漢戴聖編纂而成，也稱《小戴禮記》。《禮記》共四十九篇，始於《曲禮》，終於《喪服四制》。作為與《周禮》、《儀禮》並列的『三禮』之一，《禮記》自漢代的鄭玄作『注』以後，地位日益上升，唐代取得『經』的地位，宋代以來，位列『三禮』之首，居『十三經』之一，為士者必讀之書。

《禮記》主要是記載和論述先秦漢民族的禮制、禮儀，解釋《儀禮》，記錄孔子和弟子等的問答，記述脩身做人的準則，涉及政治、法律、道德、哲學、歷史、祭祀、文藝、日常生活、曆法等諸多方面，是闡述先秦儒家思想的重要文獻，也是研究先秦社會的重要資料。數千年來，它以深厚的哲學底蘊塑造了我們民族的品格，為我們提供了具有普遍意義的價值觀、倫理觀、道德觀、人生觀。在科技飛速發展、物質生活不斷提高的當代社會，如何創建更加和諧的人際關繫，如何獲得更加美好的精神生活，這些問題我們也可以从《禮記》中尋找答案。

「孝」作為「禮」的一個重要方面，二者有着不可分割的聯繫，我社此次編輯出版的《孝經》與《禮記》合二為一，所用底本即學界通行的阮刻《十三經注疏》，并參校其他版本，採用宣紙綫裝形式，以饗讀者。

廣陵書社編輯部

二〇一六年五月

孝經

（春秋）孔　子　述

孝經目錄

序

李隆基

朕聞上古，其風朴略，雖因心之孝已萌，而資敬之禮猶簡。及乎仁義既有，親譽益著。聖人知孝之可以教人也，故因嚴以教敬，因親以教愛。于是以順移忠之道昭矣，立身揚名之義彰矣。子曰：『吾志在《春秋》，行在《孝經》。』是知孝者德之本歟。

經曰：『昔者明王之以孝理天下也，不敢遺小國之臣，而況于公、侯、伯、子、男乎？』朕嘗三復斯言，景行先哲。雖無德教加于百姓，庶幾廣愛形于四海。

嗟乎！夫子没而微言絶，異端起而大義乖。況泯絶于秦，得之者皆煨燼之末；濫觴于漢，傳之者皆糟粕之餘。故魯史《春秋》，學開五傳；《國風》《雅》《頌》，分爲四詩。去聖逾遠，源流益別。近觀《孝經》舊注，踳駁尤甚。至于迹相祖述，殆且百家。業擅專門，猶將十室。希升堂者，必自開户牖。攀逸駕者，必騁殊軌轍。是以道隱小成，言隱浮僞。且傳以通經爲義，義以必當爲主。至當歸一，精義無二。安得不翦其繁蕪，而撮其樞要也。韋昭、王肅，先儒之領袖；虞翻、劉邵，抑又次焉。劉炫明安國之本，陸澄譏康成之注。在理或當，何必求人？今故特舉六家之異同，會五經之旨趣；約文敷暢，義則昭然；分注錯經，理亦條貫。寫之琬琰，庶有補于將來。

且夫子談經，志取垂訓。雖五孝之用則別，而百行之源不殊。是以一章之中，凡有數句；一句之内，意有兼明。具載則文繁，略之又義闕。今存于疏，用廣發揮。

孝經卷第一

開宗明義章第一

仲尼居，曾子侍。子曰：『先王有至德要道，以順天下，民用和睦，上下無怨。汝知之乎？』

曾子避席曰：『參不敏，何足以知之？』

子曰：『夫孝，德之本也，教之所由生也。復坐，吾語汝。身體髮膚，受之父母，不敢毀傷，孝之始也。立身行道，揚名于後世，以顯父母，孝之終也。夫孝始于事親，中于事君，終于立身。《大雅》云：「無念爾祖，聿脩厥德。」』

天子章第二

子曰：『愛親者，不敢惡于人；敬親者，不敢慢于人。愛敬盡于事親，而德教加于百姓，刑于四海。蓋天子之孝也。《甫刑》云：「一人有慶，兆民賴之。」』

諸侯章第三

『在上不驕，高而不危；制節謹度，滿而不溢。高而不危，所以長守貴也；滿而不溢，所以長守富也。富貴不離其身，然後能保其社稷，而和其民人。蓋諸侯之孝也。《詩》云：「戰戰兢兢，如臨深淵，如履薄冰。」』

卿大夫章第四

『非先王之法服不敢服，非先王之法言不敢道，非先王之德行不敢行。是故非法不言，非道不行；口無擇言，身無擇行；言滿天下無口過，行滿天下無怨惡：三者備矣，然後能守其宗廟。蓋卿大夫之孝也。《詩》云：「夙夜匪懈，以事一人。」』

士章第五

『資于事父以事母，而愛同；資于事父以事君，而敬同。故母取其愛，而君取其敬，兼之者父也。故以孝事君則忠，以敬事長則順。忠順不失，以事其上，然後能保其祿位，而守其祭祀。蓋士之孝也。《詩》云：「夙興夜寐，無忝爾所生。」』

孝經卷第二

庶人章第六

『用天之道，分地之利，謹身節用，以養父母。此庶人之孝也。故自天子至于庶人，孝無終始，而患不及者，未之有也。』

三才章第七

曾子曰：『甚哉，孝之大也！』

子曰：『夫孝，天之經也，地之義也，民之行也。天地之經，而民是則之。則天之明，因地之利，以順天下。是以其教不肅而成，其政不嚴而治。先王見教之可以化民也，是故先之以博愛，而民莫遺其親。陳之于德義，而民興行。先之以敬讓，而民不争；導之以禮樂，而民和睦；示之以好惡，而民知禁。《詩》云：「赫赫師尹，民具爾瞻。」』

孝經卷第四

孝治章第八

子曰：『昔者明王之以孝治天下也，不敢遺小國之臣，而况于公、侯、伯、子、男乎？故得萬國之歡心，以事其先王。治國者，不敢侮于鰥寡，而况于士民乎？故得百姓之歡心，以事其先君。治家者，不敢失于臣妾，而况于妻子乎？故得人之歡心，以事其親。夫然，故生則親安之，祭則鬼享之。是以天下和平，災害不生，禍亂不作。故明王之以孝治天下也如此。《詩》云：「有覺德行，四國順之。」』

孝經卷第五

聖治章第九

曾子曰：『敢問聖人之德，無以加于孝乎？』

子曰：『天地之性，人爲貴。人之行，莫大于孝。孝莫大于嚴父。嚴父莫大于配天，則周公其人也。昔者周公郊祀后稷以配天，宗祀文王于明堂，以配上帝。是以四海之内，各以其職來祭。夫聖人之德，又何以加于孝乎？故親生之膝下，以養父母日嚴。聖人因嚴以教敬，因親以教愛。聖人之教不肅而成，其政不嚴而治。其所因者本也。父子之道，天性也，君臣之義也。父母生之，續莫大焉。君親臨之，厚莫重焉。故不愛其親而愛他人者，謂之悖德；不敬其親而敬他人者，謂之悖禮。以順則逆，民無則焉。不在于善，而皆在于凶德。雖得之，君子不貴也。君子則不然，言思可道，行思可樂，德義可尊，作事可法，容止可觀，進退可度。以臨其民，是以其民畏而愛之，則而象之。故能成其德教，而行其政令。《詩》云：「淑人君子，其儀不忒。」』

孝經卷第六

紀孝行章第十

子曰：『孝子之事親也，居則致其敬，養則致其樂，病則致其憂，喪則致其哀，祭則致其嚴。五者備矣，然後能事親。事親者，居上不驕，爲下不亂，在醜不爭。居上而驕則亡，爲下而亂則刑，在醜而爭則兵。三者不除，雖日用三牲之養，猶爲不孝也。』

五刑章第十一

子曰：『五刑之屬三千，而罪莫大于不孝。要君者無上，非聖人者無法，非孝者無親。此大亂之道也。』

廣要道章第十二

子曰：『教民親愛，莫善于孝。教民禮順，莫善于悌。移風易俗，莫善于樂。安上治民，莫善于禮。禮者，敬而已矣。故敬其父，則子悦；敬其兄，則弟悦；敬其君，則臣悦；敬一人，而千萬人悦；所敬者寡，而悦者衆。此之謂要道也。』

孝經卷第七

廣至德章第十三

子曰：『君子之教以孝也，非家至而日見之也。教以孝，所以敬天下之爲人父者也。教以悌，所以敬天下之爲人兄者也。教以臣，所以敬天下之爲人君者也。《詩》云：「愷悌君子，民之父母。」非至德，其孰能順民如此其大者乎！』

廣揚名章第十四

子曰：『君子之事親孝，故忠可移于君；事兄悌，故順可移于長；居家理，故治可移于官。是以行成于內，而名立于後世矣。』

諫諍章第十五

曾子曰：『若夫慈愛恭敬，安親揚名，則聞命矣。敢問子從父之令，可謂孝乎？』

子曰：『是何言與？是何言與？昔者天子有争臣七人，雖無道，不失其天下；諸侯有争臣五人，雖無道，不失其國；大夫有争臣三人，雖無道，不失其家；士有争友，則身不離于令名；父有争子，則身不陷于不義。故當不義，則子不可以不争于父，臣不可以不争于君；故當不義，則争之。從父之令，又焉得爲孝乎！』

孝經卷第八

感應章第十六

子曰：『昔者明王事父孝，故事天明；事母孝，故事地察；長幼順，故上下治。天地明察，神明彰矣。故雖天子，必有尊也，言有父也；必有先也，言有兄也。宗廟致敬，不忘親也；脩身慎行，恐辱先也。宗廟致敬，鬼神著矣。孝悌之至，通于神明，光于四海，無所不通。《詩》云：「自西自東，自南自北，無思不服。」』

事君章第十七

子曰：『君子之事上也，進思盡忠，退思補過，將順其美，匡救其惡，故上下能相親也。《詩》云：「心乎愛矣，遐不謂矣。中心藏之，何日忘之？」』

孝經卷第九

喪親章第十八

子曰：『孝子之喪親也，哭不偯，禮無容，言不文，服美不安，聞樂不樂，食旨不甘，此哀戚之情也。三日而食，教民無以死傷生，毀不滅性，此聖人之政也。喪不過三年，示民有終也。爲之棺椁衣衾而舉之，陳其簠簋而哀戚之，擗踴哭泣，哀以送之；卜其宅兆，而安措之；爲之宗廟，以鬼享之；春秋祭祀，以時思之。生事愛敬，死事哀戚，生民之本盡矣，死生之義備矣，孝子之事親終矣。』

（西漢）戴聖 編纂

禮記

禮記目錄

禮記卷第一

曲禮上第一

《曲禮》曰：毋不敬，儼若思，安定辭。安民哉！

敖不可長，欲不可從，志不可滿，樂不可極。

賢者狎而敬之，畏而愛之。愛而知其惡，憎而知其善。積而能散，安安而能遷。臨財毋苟得，臨難毋苟免。很毋求勝，分毋求多。疑事毋質，直而勿有。

若夫，坐如尸，立如齊。禮從宜，使從俗。

夫禮者，所以定親疏、決嫌疑、別同異、明是非也。禮不妄説人，不辭費。禮不逾節，不侵侮，不好狎。脩身踐言，謂之善行。行脩言道，禮之質也。禮聞取于人，不聞取人。禮聞來學，不聞往教。

道德仁義，非禮不成。教訓正俗，非禮不備。分争辨訟，非禮不決。君臣、上下、父子、兄弟，非禮不定。宦學事師，非禮不親。班朝治軍，莅官行法，非禮威嚴不行。禱祠祭祀，供給鬼神，非禮不誠不莊。是以君子恭敬撙節退讓以明禮。鸚鵡能言，

不離飛鳥；猩猩能言，不離禽獸。今人而無禮，雖能言，不亦禽獸之心乎？夫唯禽獸無禮，故父子聚麀。是故聖人作，爲禮以教人，使人以有禮，知自别于禽獸。

太上貴德，其次務施報。禮尚往來，往而不來，非禮也；來而不往，亦非禮也。人有禮則安，無禮則危。故曰：禮者不可不學也。夫禮者，自卑而尊人，雖負販者，必有尊也，而况富貴乎？富貴而知好禮，則不驕不淫；貧賤而知好禮，則志不懾。

人生十年曰幼，學。二十曰弱，冠。三十曰壯，有室。四十曰强，而仕。五十曰艾，服官政。六十曰耆，指使。七十曰老，而傳。八十、九十曰耄。七年曰悼。悼與耄，雖有罪，不加刑焉。百年曰期頤。

大夫七十而致事。若不得謝，則必賜之几杖，行役以婦人，適四方，乘安車，自稱曰老夫，于其國則稱名。越國而問焉，必告之以其制。

謀于長者，必操几杖以從之。長者問，不辭讓而對，非禮也。

凡爲人子之禮，冬温而夏清，昏定而晨省。在醜夷不争。

夫爲人子者，三賜不及車馬，故州閭鄉黨稱其孝也，兄弟親戚稱其慈也，僚友

稱其弟也，執友稱其仁也，交游稱其信也。見父之執，不謂之進不敢進，不謂之退不敢退，不問不敢對。此孝子之行也。

夫爲人子者，出必告，反必面。所游必有常，所習必有業。恒言不稱老。年長以倍，則父事之。十年以長，則兄事之。五年以長，則肩隨之。群居五人，則長者必異席。

爲人子者，居不主奧，坐不中席，行不中道，立不中門。食饗不爲概，祭祀不爲尸。聽于無聲，視于無形。不登高，不臨深，不苟訾，不苟笑。

孝子不服闇，不登危，懼辱親也。父母存，不許友以死。不有私財。

爲人子者，父母存，冠衣不純素。孤子當室，冠衣不純采。

幼子常視毋誑，童子不衣裘裳。立必正方，不傾聽。長者與之提携，則兩手奉長者之手。負劍辟咡詔之，則掩口而對。

禮記卷第二

曲禮上第一

從于先生，不越路而與人言。遭先生于道，趨而進，正立拱手。先生與之言則對，不與之言則趨而退。從長者而上丘陵，則必鄉長者所視。

登城不指，城上不呼。將適舍，求毋固。將上堂，聲必揚。户外有二屨，言聞則入，言不聞則不入。將入户，視必下。入户奉扃，視瞻毋回。户開亦開，户闔亦闔。有後入者，闔而勿遂。毋踐屨，毋踖席，摳衣趨隅。必慎唯諾。

大夫士出入君門，由闑右，不踐閾。

凡與客入者，每門讓于客。客至于寢門，則主人請入爲席，然後出迎客。客固辭，主人肅客而入。主人入門而右，客入門而左。主人就東階，客就西階，客若降等，則就主人之階。主人固辭，然後客復就西階。主人與客讓登，主人先登，客從之，拾級聚足，連步以上。上于東階，則先右足。上于西階，則先左足。

帷薄之外不趨，堂上不趨，執玉不趨。堂上接武，堂下布武。室中不翔。並坐不横肱，授立不跪，授坐不立。

凡爲長者糞之禮，必加帚于箕上，以袂拘而退，其塵不及長者，以箕自鄉而扱之。奉席如橋衡，請席何鄉，請衽何趾。席南鄉北鄉，以西方爲上；東鄉西鄉，以南方爲上。

若非飲食之客，則布席，席間函丈。主人跪正席，客跪撫席而辭。客徹重席，主人固辭。客踐席，乃坐。主人不問，客不先舉。將即席，容毋怍。兩手摳衣，去齊尺。衣毋撥，足毋蹶。

先生書策琴瑟在前，坐而遷之，戒勿越。虚坐盡後，食坐盡前。坐必安，執爾顔。長者不及，毋儳言。正爾容，聽必恭，毋勦説，毋雷同。必則古昔，稱先王。侍坐于先生，先生問焉，終則對。請業則起，請益則起。父召無『諾』，先生召無『諾』，『唯』而起。侍坐于所尊敬，毋餘席。見同等不起。燭至起，食至起，上客起。燭不見跋。尊客之前不叱狗。讓食不唾。

侍坐于君子，君子欠伸，撰杖屨，視日蚤莫，侍坐者請出矣。侍坐于君子，君子問更端，則起而對。侍坐于君子，若有告者曰：『少間，願有復也。』則左右屏而待。毋側聽，毋噭應，毋淫視，毋怠荒。游毋倨，立毋跛，坐毋箕，寢毋伏。斂髪毋髢，冠毋免，勞毋袒，暑毋褰裳。

侍坐于長者，屨不上于堂，解屨不敢當階。就屨，跪而舉之，屏于側。鄉長者而屨，跪而遷屨，俯而納屨。

離坐離立，毋往參焉。離立者不出中間。男女不雜坐，不同椸枷，不同巾櫛，不親授。嫂叔不通問，諸母不漱裳。外言不入于梱，内言不出于梱。女子許嫁，纓，非有大故，不入其門。姑、姊、妹、女子子已嫁而反，兄弟弗與同席而坐，弗與同器而食。父子不同席。男女非有行媒，不相知名。非受幣，不交不親。故日月以告君，齊戒以告鬼神，爲酒食以召鄉黨僚友，以厚其别也。取妻不取同姓，故買妾不知其姓則卜之。寡婦之子，非有見焉，弗與爲友。

賀取妻者，曰：『某子使某，聞子有客，使某羞。』

貧者不以貨財爲禮，老者不以筋力爲禮。

名子者不以國，不以日月，不以隱疾，不以山川。

男女異長。男子二十，冠而字。父前子名，君前臣名。女子許嫁，笄而字。

凡進食之禮，左殽右胾，食居人之左，羹居人之右。膾炙處外，醯醬處内，葱渿處末，酒漿處右。以脯脩置者，左朐右末。客若降等，執食興辭。主人興，辭于客，然後客坐。主人延客祭。祭食，祭所先進。殽之序，遍祭之。三飯，主人延客食胾，然後辯殽。主人未辯，客不虛口。

侍食于長者，主人親饋，則拜而食；主人不親饋，則不拜而食。

共食不飽，共飯不澤手。

毋摶飯，毋放飯，毋流歠，毋咤食，毋嚙骨，毋反魚肉，毋投與狗骨，毋固獲，毋揚飯，飯黍毋以箸，毋嚃羹，毋絮羹，毋刺齒，毋歠醢。客絮羹，主人辭不能亨。客歠醢，主人辭以窶。濡肉齒决，乾肉不齒决，毋嘬炙。

卒食，客自前跪，徹飯齊，以授相者。主人興，辭于客，然後客坐。

侍飲于長者，酒進則起，拜受于尊所。長者辭，少者反席而飲。長者舉未釂，

少者不敢飲。

長者賜，少者、賤者不敢辭。

賜果于君前，其有核者懷其核。御食于君，君賜餘，器之溉者不寫，其餘皆寫。

餕餘不祭，父不祭子，夫不祭妻。

御同于長者，雖貳不辭。偶坐不辭。

羹之有菜者用梜，其無菜者不用梜。

爲天子削瓜者副之，巾以絺。爲國君者華之，巾以綌。爲大夫累之，士疐之，庶人齕之。

父母有疾，冠者不櫛，行不翔，言不惰，琴瑟不御，食肉不至變味，飲酒不至變貌，笑不至矧，怒不至詈。疾止復故。有憂者側席而坐，有喪者專席而坐。

水潦降，不獻魚鱉。獻鳥者佛其首，畜鳥者則勿佛也。獻車馬者執策綏，獻甲者執冑，獻杖者執末，獻民虜者操右袂，獻粟者執右契，獻米者操量鼓，獻孰食者操醬齊。獻田宅者操書致。凡遺人弓者，張弓尚筋，弛弓尚角，右手執簫，左手承弣。

尊卑垂帨。若主人拜，則客還辟，辟拜。主人自受，由客之左，接下承弣，鄉與客並，然後受。進劍者左首。進戈者前其鐏，後其刃。進矛戟者前其鐓。

進几杖者拂之。效馬效羊者右牽之，效犬者左牽之。執禽者左首。飾羔鴈者以繢。受珠玉者以掬。受弓劍者以袂。飲玉爵者弗揮。凡以弓劍、苞苴、簞笥問人者，操以受命，如使之容。

禮記卷第三

曲禮上第一

凡爲君使者，已受命，君言不宿于家。君言至，則主人出拜君言之辱。使者歸，則必拜送于門外。若使人于君所，則必朝服而命之。使者反，則必下堂而受命。

博聞强識而讓，敦善行而不怠，謂之君子。君子不盡人之歡，不竭人之忠，以全交也。

《禮》曰：『君子抱孫不抱子。』此言孫可以爲王父尸，子不可以爲父尸。爲君尸者，大夫士見之則下之。君知所以爲尸者，則自下之，尸必式，乘必以几。齊者不樂不吊。

居喪之禮，毁瘠不形，視聽不衰。升降不由阼階，出入不當門隧。居喪之禮，頭有創則沐，身有瘍則浴，有疾則飲酒食肉，疾止復初。不勝喪，乃比于不慈不孝。五十不致毁，六十不毁，七十唯衰麻在身，飲酒食肉，處于內。

生與來日，死與往日。

知生者吊，知死者傷。知生而不知死，吊而不傷；知死而不知生，傷而不吊。吊喪弗能賻，不問其所費。問疾弗能遺，不問其所欲。見人弗能館，不問其所舍。賜人者不曰來取，與人者不問其所欲。

適墓不登壟，助葬必執紼。臨喪不笑，揖人必違其位，望柩不歌，入臨不翔。當食不嘆。鄰有喪，舂不相。里有殯，不巷歌。適墓不歌，哭日不歌。送喪不由徑，送葬不辟塗潦。臨喪則必有哀色，執紼不笑，臨樂不嘆，介冑則有不可犯之色。故君子戒慎，不失色于人。國君撫式，大夫下之。大夫撫式，士下之。禮不下庶人，刑不上大夫。刑人不在君側。

兵車不式，武車綏旌，德車結旌。

史載筆，士載言。前有水，則載青旌。前有塵埃，則載鳴鳶。前有車騎，則載飛鴻。前有士師，則載虎皮。前有摯獸，則載貔貅。行，前朱鳥而後玄武，左青龍而右白虎，招摇在上，急繕其怒。進退有度，左右有局，各司其局。

父之讎弗與共戴天，兄弟之讎不反兵，交游之讎不同國。

四郊多壘，此卿大夫之辱也。地廣大，荒而不治，此亦士之辱也。

臨祭不惰。祭服敝則焚之，祭器敝則埋之，龜筴敝則埋之，牲死則埋之。凡祭于公者，必自徹其俎。

卒哭乃諱。禮，不諱嫌名，二名不偏諱。逮事父母，則諱王父母；不逮事父母，則不諱王父母。君所無私諱，大夫之所有公諱。《詩》《書》不諱，臨文不諱。廟中不諱。夫人之諱，雖質君之前，臣不諱也。婦諱不出門。大功、小功不諱。入竟而問禁，入國而問俗，入門而問諱。

外事以剛日，内事以柔日。凡卜筮日，旬之外曰遠某日，旬之内曰近某日。喪事先遠日，吉事先近日。曰：『爲日，假爾泰龜有常，假爾泰筮有常。』卜筮不過三，卜筮不相襲。

龜爲卜，筴爲筮。卜筮者，先聖王之所以使民信時日、敬鬼神、畏法令也，所以使民決嫌疑、定猶與也。故曰：『疑而筮之，則弗非也；日而行事，則必踐之。』

君車將駕，則僕執策立于馬前。已駕，僕展軨。效駕，奮衣由右上，取貳綏。

跪乘，執策分轡，驅之五步而立。君出就車，則僕并轡授綏，左右攘辟。車驅而騶，至于大門，君撫僕之手，而顧命車右就車，門閭、溝渠必步。凡僕人之禮，必授人綏。若僕者降等，則受，不然則否。若僕者降等，則撫僕之手，不然則自下拘之。客車不入大門，婦人不立乘。犬馬不上于堂。

故君子式黃髮，下卿位，入國不馳，入里必式。君命召，雖賤人，大夫士必自御之。介者不拜，爲其拜而蓌拜。祥車曠左。乘君之乘車，不敢曠左，左必式。僕御婦人則進左手，後右手。御國君則進右手，後左手而俯。國君不乘奇車。車上不廣欬，不妄指。立視五巂，式視馬尾，顧不過轂。國中以策彗恤勿驅，塵不出軌。國君下齊牛，式宗廟。大夫士下公門，式路馬。乘路馬，必朝服。載鞭策，不敢授綏，左必式。步路馬，必中道。以足蹙路馬芻有誅，齒路馬有誅。

禮記卷第四

曲禮下第二

凡奉者當心，提者當帶。

執天子之器則上衡，國君則平衡，大夫則綏之，士則提之。

凡執主器，執輕如不克。執主器，操幣、圭璧，則尚左手。行不舉足，車輪曳踵。立則磬折垂佩。主佩倚則臣佩垂，主佩垂則臣佩委。執玉，其有藉者則裼，無藉者則襲。

國君不名卿老世婦，大夫不名世臣侄娣，士不名家相長妾。君大夫之子，不敢自稱曰『余小子』。大夫士之子，不敢自稱曰『嗣子某』。不敢與世子同名。

君使士射，不能，則辭以疾。言曰：『某有負薪之憂。』

侍于君子，不顧望而對，非禮也。

君子行禮，不求變俗。祭祀之禮，居喪之服，哭泣之位，皆如其國之故，謹脩其法而審行之。

去國三世，爵禄有列于朝，出入有詔于國，若兄弟宗族猶存，則反告于宗後。去國三世，爵禄無列于朝，出入無詔于國，唯興之日，從新國之法。

君子已孤不更名。已孤暴貴，不爲父作謚。

居喪，未葬，讀喪禮。既葬，讀祭禮。喪復常，讀樂章。居喪不言樂，祭事不言凶，公庭不言婦女。

振書，端書于君前，有誅。倒筴、側龜于君前，有誅。

龜筴、几杖、席蓋、重素、袗絺綌，不入公門。苞屨、扱衽、厭冠，不入公門。書方、衰、凶器，不以告，不入公門。公事不私議。

君子將營宫室，宗廟爲先，厩庫爲次，居室爲後。凡家造，祭器爲先，犧賦爲次，養器爲後。無田禄者不設祭器，有田禄者先爲祭服。君子雖貧，不粥祭器；雖寒，不衣祭服。爲宫室，不斬于丘木。

大夫、士去國，祭器不踰竟。大夫寓祭器于大夫，士寓祭器于士。

大夫、士去國，踰竟，爲壇位鄉國而哭。素衣、素裳、素冠、徹緣、鞮屨、素簚，乘

髦馬，不蚤鬋，不祭食，不説人以無罪。婦人不當御，三月而復服。

大夫、士見于國君，君若勞之，則還辟，再拜稽首。君若迎拜，則還辟，不敢答拜。

大夫、士相見，雖貴賤不敵，主人敬客，則先拜客，客敬主人，則先拜主人。

凡非吊喪，非見國君，無不答拜者。

大夫見于國君，國君拜其辱。士見于大夫，大夫拜其辱。同國始相見，主人拜其辱。君于士，不答拜也，非其臣則答拜之。大夫于其臣，雖賤，必答拜之。男女相答拜也。

國君春田不圍澤，大夫不掩群，士不取麛卵。

歲凶，年穀不登。君膳不祭肺，馬不食穀，馳道不除，祭事不縣，大夫不食粱，士飲酒不樂。

君無故玉不去身，大夫無故不徹縣，士無故不徹琴瑟。

士有獻于國君，他日，君問之曰：『安取彼？』再拜稽首而後對。

大夫私行，出疆必請，反必有獻。士私行，出疆必請，反必告。君勞之，則拜，問其行，拜而後對。

國君去其國，止之曰：『奈何去社稷也？』大夫，曰：『奈何去宗廟也？』士，曰：『奈何去墳墓也？』國君死社稷，大夫死衆，士死制。

君天下曰天子。朝諸侯、分職、授政、任功，曰予一人。

踐阼，臨祭祀，內事曰孝王某，外事曰嗣王某。臨諸侯，畛于鬼神，曰有天王某甫。崩，曰天王崩。復，曰天子復矣。告喪，曰天王登假。措之廟，立之主曰帝。天子未除喪，曰予小子。生名之，死亦名之。

天子有后，有夫人，有世婦，有嬪，有妻，有妾。

天子建天官，先六大，曰大宰、大宗、大史、大祝、大士、大卜，典司六典。天子之五官，曰司徒、司馬、司空、司士、司寇，典司五衆。天子之六府，曰司土、司木、司水、司草、司器、司貨，典司六職。天子之六工，曰土工、金工、石工、木工、獸工、草工，典制六材。五官致貢曰享。

禮記卷第五

曲禮下第二

五官之長曰伯，是職方。其擯于天子也，曰天子之吏。天子同姓謂之伯父，異姓謂之伯舅。自稱于諸侯曰天子之老，于外曰公，于其國曰君。

九州之長入天子之國曰牧。天子同姓謂之叔父，異姓謂之叔舅，于外曰侯，于其國曰君。其在東夷、北狄、西戎、南蠻，雖大曰子。于內自稱曰不穀，于外自稱曰王老。庶方小侯入天子之國曰某人，于外曰子，自稱曰孤。

天子當依而立，諸侯北面而見天子，曰覲。天子當宁而立，諸公東面，諸侯西面，曰朝。

諸侯未及期相見曰遇，相見于郤地曰會。諸侯使大夫問于諸侯曰聘，約信曰誓，莅牲曰盟。

諸侯見天子，曰臣某侯某。其與民言，自稱曰寡人。其在凶服，曰適子孤。臨祭祀，內事曰孝子某侯某，外事曰曾孫某侯某。死曰薨，復曰某甫復矣。既葬，見天子，曰類見。言謚曰類。諸侯使人使于諸侯，使者自稱曰寡君之老。

天子穆穆，諸侯皇皇，大夫濟濟，士蹌蹌，庶人僬僬。

天子之妃曰后，諸侯曰夫人，大夫曰孺人，士曰婦人，庶人曰妻。公、侯有夫人，有世婦，有妻，有妾。夫人自稱于天子曰老婦，自稱于諸侯曰寡小君，自稱于其君曰小童，自世婦以下，自稱曰婢子。子于父母則自名也。列國之大夫，入天子之國曰某士，自稱曰陪臣某。于外曰子，于其國曰寡君之老。使者自稱曰某。

天子不言出，諸侯不生名，君子不親惡。諸侯失地，名，滅同姓，名。

爲人臣之禮，不顯諫。三諫而不聽，則逃之。

子之事親也，三諫而不聽，則號泣而隨之。

君有疾飲藥，臣先嘗之。親有疾飲藥，子先嘗之。醫不三世，不服其藥。

擬人必于其倫。

問天子之年，對曰：『聞之，始服衣若干尺矣。』問國君之年，長，曰：『能從宗廟社稷之事矣。』幼，曰：『未能從宗廟社稷之事也。』問大夫之子，長，曰：『能御矣。』幼，曰：『未能御也。』問士之子，長，曰：『能典謁矣。』幼，曰：『未能典謁也。』問庶人之子，長，曰：『能負薪矣。』幼，曰：『未能負薪也。』

問國君之富，數地以對，山澤之所出。問大夫之富，曰：『有宰食力，祭器衣服不假。』問士之富，以車數對。問庶人之富，數畜以對。

天子祭天地，祭四方，祭山川，祭五祀，歲遍。諸侯方祀，祭山川，祭五祀，歲遍。大夫祭五祀，歲遍。士祭其先。

凡祭，有其廢之，莫敢舉也，有其舉之，莫敢廢也。非其所祭而祭之，名曰淫祀。淫祀無福。

天子以犧牛，諸侯以肥牛，大夫以索牛，士以羊豕。

支子不祭，祭必告于宗子。

凡祭宗廟之禮，牛曰一元大武，豕曰剛鬣，豚曰腯肥，羊曰柔毛，鷄曰翰音，犬曰羹獻，雉曰疏趾，兔曰明視，脯曰尹祭，槀魚曰商祭，鮮魚曰脡祭。水曰清滌，酒曰清酌。黍曰薌合，粱曰薌萁，稷曰明粢，稻曰嘉蔬，韭曰豐本，鹽曰鹹鹺。玉曰嘉玉，幣曰量幣。

天子死曰崩，諸侯曰薨，大夫曰卒，士曰不禄，庶人曰死。在床曰尸，在棺曰柩。

羽鳥曰降，四足曰漬。死寇曰兵。

祭王父曰皇祖考，王母曰皇祖妣。父曰皇考，母曰皇妣。夫曰皇辟。生曰父、曰母、曰妻，死曰考、曰妣、曰嬪。

壽考曰卒，短折曰不禄。

天子視不上于袷，不下于帶。國君綏視，大夫衡視，士視五步。凡視，上于面則敖，下于帶則憂，傾則奸。

君命，大夫與士肄。在官言官，在府言府，在庫言庫，在朝言朝。朝言不及犬馬。輟朝而顧，不有異事，必有異慮。故輟朝而顧，君子謂之固。在朝言禮，問禮，對以禮。

大饗不問卜，不饒富。

外軍中無摯，以纓、拾、矢可也。婦人之摯，椇、榛、脯、脩、棗、栗。

納女，于天子曰備百姓，于國君曰備酒漿，于大夫曰備埽灑。

禮記卷第六

檀弓上第三

公儀仲子之喪，檀弓免焉。仲子捨其孫而立其子。檀弓曰：『何居？我未之前聞也。』趨而就子服伯子于門右，曰：『仲子捨其孫而立其子，何也？』伯子曰：『仲子亦猶行古之道也。昔者文王捨伯邑考而立武王，微子捨其孫腯而立衍也。夫仲子亦猶行古之道也。』子游問諸孔子，孔子曰：『否。立孫。』

事親有隱而無犯，左右就養無方，服勤至死，致喪三年。事君有犯而無隱，左右就養有方，服勤至死，方喪三年。事師無犯無隱，左右就養無方，服勤至死，心喪三年。

季武子成寢，杜氏之葬在西階之下，請合葬焉，許之。入宮而不敢哭。武子曰：『合葬，非古也。自周公以來，未之有改也。吾許其大而不許其細，何居？』命之哭。

子上之母死而不喪，門人問諸子思曰：『昔者子之先君子喪出母乎？』曰：『然。』『子之不使白也喪之，何也？』子思曰：『昔者吾先君子無所失道，道隆則從

而隆，道污則從而污。伋則安能？爲伋也妻者，是爲白也母；不爲伋也妻者，是不爲白也母。』故孔氏之不喪出母，自子思始也。

孔子曰：『拜而後稽顙，頹乎其順也；稽顙而後拜，頎乎其至也。三年之喪，吾從其至者。』

孔子既得合葬于防，曰：『吾聞之，古也墓而不墳。今丘也，東西南北之人也，不可以弗識也。』于是封之，崇四尺。孔子先反，門人後。雨甚，至，孔子問焉，曰：『爾來何遲也？』曰：『防墓崩。』孔子不應。三，孔子泫然流涕曰：『吾聞之，古不脩墓。』

孔子哭子路于中庭。有人吊者，而夫子拜之。既哭，進使者而問故。使者曰：『醢之矣。』遂命覆醢。

曾子曰：『朋友之墓，有宿草而不哭焉。』

子思曰：『喪三日而殯，凡附于身者，必誠必信，勿之有悔焉耳矣。三月而葬，凡附于棺者，必誠必信，勿之有悔焉耳矣。喪三年以爲極，亡則弗之忘矣。故君子

有終身之憂，而無一朝之患。故忌日不樂。」

孔子少孤，不知其墓。殯于五父之衢，人之見之者，皆以爲葬也。其慎也，蓋殯也。問于郰曼父之母，然後得合葬于防。鄰有喪，舂不相；里有殯，不巷歌。喪冠不緌。

有虞氏瓦棺，夏后氏堲周，殷人棺槨，周人墻置翣。周人以殷人之棺槨葬長殤，以夏后氏之堲周葬中殤、下殤，以有虞氏之瓦棺葬無服之殤。

夏后氏尚黑，大事斂用昏，戎事乘驪，牲用玄。殷人尚白，大事斂用日中，戎事乘翰，牲用白。周人尚赤，大事斂用日出，戎事乘騵，牲用騂。

穆公之母卒，使人問于曾子曰：「如之何？」對曰：「申也聞諸申之父曰：『哭泣之哀，齊斬之情，饘粥之食，自天子達。布幕，衛也；縿幕，魯也。』」

晉獻公將殺其世子申生，公子重耳謂之曰：「子蓋言子之志于公乎？」世子曰：「不可，君安驪姬，是我傷公之心也。」曰：「然則蓋行乎？」世子曰：「不可，君謂我欲弑君也，天下豈有無父之國哉！吾何行如之？」使人辭于狐突曰：「申生

有罪，不念伯氏之言也，以至于死。申生不敢愛其死。雖然，吾君老矣，子少，國家多難。伯氏不出而圖吾君，伯氏苟出而圖吾君，申生受賜而死。」再拜稽首，乃卒。是以爲恭世子也。

魯人有朝祥而莫歌者，子路笑之。夫子曰：「由，爾責于人，終無已夫！三年之喪，亦已久矣夫。」子路出，夫子曰：「又多乎哉！逾月則其善也。」

魯莊公及宋人戰于乘丘，縣賁父御，卜國爲右。馬驚，敗績，公隊，佐車授綏。公曰：「末之，卜也。」縣賁父曰：「他日不敗績，而今敗績，是無勇也。」遂死之。圉人浴馬，有流矢在白肉。公曰：「非其罪也。」遂誄之。士之有誄，自此始也。

曾子寢疾，病。樂正子春坐于床下，曾元、曾申坐于足，童子隅坐而執燭。童子曰：「華而睆，大夫之簀與？」子春曰：「止！」曾子聞之，瞿然曰：「呼！」曰：「華而睆，大夫之簀與？」曾子曰：「然，斯季孫之賜也，我未之能易也。元，起易簀。」曾元曰：「夫子之病革矣，不可以變，幸而至于旦，請敬易之。」曾子曰：「爾之愛我也不如彼。君子之愛人也以德，細人之愛人也以姑息。吾何求哉？吾得正而斃

焉，斯已矣。』舉扶而易之，反席未安而没。

始死，充充如有窮。既殯，瞿瞿如有求而弗得。既葬，皇皇如有望而弗至。練而慨然，祥而廓然。

邾婁復之以矢，蓋自戰于升陘始也。魯婦人之髽而吊也，自敗于臺鮐始也。

南宫縚之妻之姑之喪，夫子誨之髽，曰：『爾毋從從爾，爾毋扈扈爾。蓋榛以爲笄，長尺，而總八寸。』

孟獻子禫，縣而不樂，比御而不入。夫子曰：『獻子加于人一等矣。』

孔子既祥，五日彈琴而不成聲，十日而成笙歌。

有子蓋既祥而絲屨、組纓。

死而不吊者三：畏、厭、溺。

子路有姊之喪，可以除之矣，而弗除也。孔子曰：『何弗除也？』子路曰：『吾寡兄弟而弗忍也。』孔子曰：『先王制禮，行道之人，皆弗忍也。』子路聞之，遂除之。

禮記

禮記卷第七

檀弓上第三

大公封于營丘，比及五世，皆反葬于周。君子曰：『樂，樂其所自生。禮，不忘其本。古之人有言曰「狐死正丘首」，仁也。』

伯魚之母死，期而猶哭。夫子聞之曰：『誰與哭者？』門人曰：『鯉也。』夫子曰：『嘻！其甚也。』伯魚聞之，遂除之。

舜葬于蒼梧之野，蓋三妃未之從也。季武子曰：『周公蓋祔。』

曾子之喪，浴于爨室。

大功廢業。或曰：『大功，誦可也。』

子張病，召申祥而語之曰：『君子曰終，小人曰死。吾今日其庶幾乎？』

曾子曰：『始死之奠，其餘閣也與。』曾子曰：『小功不爲位也者，是委巷之禮也。子思之哭嫂也爲位，婦人倡踴，申祥之哭言思也亦然。』

古者冠縮縫，今也衡縫。故喪冠之反吉，非古也。

曾子謂子思曰：『伋，吾執親之喪也，水漿不入于口者七日。』子思曰：『先王之制禮也，過之者俯而就之，不至焉者跂而及之。故君子之執親之喪也，水漿不入于口者三日，杖而後能起。』曾子曰：『小功不稅，則是遠兄弟終無服也，而可乎？』

伯高之喪，孔氏之使者未至，冉子攝束帛乘馬而將之。孔子曰：『異哉！徒使我不誠于伯高。』

伯高死于衛，赴于孔子，孔子曰：『吾惡乎哭諸？兄弟，吾哭諸廟。父之友，吾哭諸廟門之外。師，吾哭諸寢。朋友，吾哭諸寢門之外。所知，吾哭諸野。于野則已疏，于寢則已重。夫由賜也見我，吾哭諸賜氏。』遂命子貢爲之主，曰：『爲爾哭也來者，拜之。知伯高而來者，勿拜也。』

曾子曰：『喪有疾，食肉飲酒，必有草木之滋焉。以爲薑桂之謂也。』

子夏喪其子而喪其明。曾子吊之，曰：『吾聞之也，朋友喪明則哭之。』曾子哭，子夏亦哭，曰：『天乎，予之無罪也！』曾子怒曰：『商！女何無罪也？吾與女事夫子于洙、泗之間，退而老于西河之上，使西河之民疑女于夫子，爾罪一也。喪爾親，使民未有聞焉，爾罪二也。喪爾子，喪爾明，爾罪三也。而曰女何無罪與！』子夏投其杖而拜曰：『吾過矣！吾過矣！吾離群而索居，亦已久矣。』

夫晝居于內，問其疾可也。夜居于外，吊之可也。是故君子非有大故，不宿于外；非致齊也，非疾也，不晝夜居于內。

高子皋之執親之喪也，泣血三年，未嘗見齒，君子以爲難。

衰，與其不當物也，寧無衰。齊衰不以邊坐，大功不以服勤。

孔子之衛，遇舊館人之喪，入而哭之哀。出，使子貢說驂而賻之。子貢曰：『于門人之喪，未有所說驂，說驂于舊館，無乃已重乎？』夫子曰：『予鄉者入而哭之，遇于一哀而出涕。予惡夫涕之無從也。小子行之！』

孔子在衛，有送葬者，而夫子觀之，曰：『善哉爲喪乎！足以爲法矣，小子識之。』子貢曰：『夫子何善爾也？』曰：『其往也如慕，其反也如疑。』子貢曰：『豈若速反而虞乎？』子曰：『小子識之，我未之能行也。』

顔淵之喪，饋祥肉，孔子出受之。入，彈琴而後食之。

孔子與門人立，拱而尚右，二三子亦皆尚右。孔子曰：「二三子之嗜學也，我則有姊之喪故也。」二三子皆尚左。

孔子蚤作，負手曳杖，消揺于門，歌曰：「泰山其頹乎？梁木其壞乎？哲人其萎乎？」既歌而入，當户而坐。子貢聞之曰：「泰山其頹，則吾將安仰？梁木其壞，哲人其萎，則吾將安放？夫子殆將病也。」遂趨而入。夫子曰：「賜，爾來何遲也？夏后氏殯于東階之上，則猶在阼也。殷人殯于兩楹之間，則與賓主夾之也。周人殯于西階之上，則猶賓之也。而丘也，殷人也。予疇昔之夜，夢坐奠于兩楹之間。夫明王不興，而天下其孰能宗予？予殆將死也。」蓋寢疾七日而没。

孔子之喪，門人疑所服。子貢曰：「昔者夫子之喪顔淵，若喪子而無服，喪子路亦然。請喪夫子若喪父而無服。」

孔子之喪，公西赤爲志焉。飾棺墻，置翣設披，周也。設崇，殷也。綢練設旐，夏也。

子張之喪，公明儀爲志焉。褚幕丹質，蟻結于四隅，殷士也。

子夏問于孔子曰：「居父母之仇，如之何？」夫子曰：「寢苫枕干，不仕，弗與共天下也。遇諸市朝，不反兵而鬥。」曰：「請問居昆弟之仇，如之何？」曰：「仕弗與共國，銜君命而使，雖遇之，不鬥。」曰：「請問居從父昆弟之仇，如之何？」曰：「不爲魁。主人能，則執兵而陪其後。」

孔子之喪，二三子皆絰而出。群居則絰，出則否。

易墓，非古也。

子路曰：「吾聞諸夫子：喪禮，與其哀不足而禮有餘也，不若禮不足而哀有餘也。祭禮，與其敬不足而禮有餘也，不若禮不足而敬有餘也。」

曾子吊于負夏，主人既祖，填池，推柩而反之，降婦人而後行禮。從者曰：「禮與？」曾子曰：「夫祖者且也，且胡爲其不可以反宿也？」從者又問諸子游曰：「禮與？」子游曰：「飯于牖下，小斂于户内，大斂于阼，殯于客位，祖于庭，葬于墓，所以即遠也。故喪事有進而無退。」曾子聞之曰：「多矣乎，予出祖者。」

曾子襲裘而吊，子游裼裘而吊。曾子指子游而示人曰：『夫夫也，爲習于禮者，如之何其裼裘而吊也？』主人既小斂，袒、括髪，子游趨而出，襲裘帶絰而入。曾子曰：『我過矣，我過矣，夫夫是也。』

子夏既除喪而見，予之琴，和之而不和，彈之而不成聲。作而曰：『哀未忘也，先王制禮，而弗敢過也。』子張既除喪而見，予之琴，和之而和，彈之而成聲，作而曰：『先王制禮，不敢不至焉。』

司寇惠子之喪，子游爲之麻衰、牡麻絰。文子辭曰：『子辱與彌牟之弟游，又辱爲之服，敢辭。』子游曰：『禮也。』文子退反哭，子游趨而就諸臣之位，文子又辭曰：『子辱與彌牟之弟游，又辱爲之服，又辱臨其喪，敢辭。』子游曰：『固以請。』文子退，扶適子南面而立，曰：『子辱與彌牟之弟游，又辱爲之服，又辱臨其喪，虎也敢不復位？』子游趨而就客位。

將軍文子之喪，既除喪，而後越人來吊，主人深衣練冠，待于廟，垂涕洟。子游觀之曰：『將軍文氏之子，其庶幾乎！亡于禮者之禮也。其動也中。』

幼名，冠字，五十以伯仲，死謚，周道也。絰也者，實也。掘中霤而浴，毀竈以綴足，及葬，毀宗躐行，出于大門，殷道也。學者行之。

禮記卷第八

檀弓上第三

子柳之母死，子碩請具。子柳曰：『何以哉？』子碩曰：『請粥庶弟之母。』子柳曰：『如之何其粥人之母以葬其母也？不可。』既葬，子碩欲以賻布之餘具祭器。子柳曰：『不可，吾聞之也，君子不家于喪。請班諸兄弟之貧者。』

君子曰：『謀人之軍師，敗則死之；謀人之邦邑，危則亡之。』

公叔文子升于瑕丘，蘧伯玉從。文子曰：『樂哉，斯丘也！死則我欲葬焉。』蘧伯玉曰：『吾子樂之，則瑗請前。』

弁人有其母死而孺子泣者，孔子曰：『哀則哀矣，而難爲繼也。夫禮，爲可傳也，爲可繼也，故哭踴有節。』

叔孫武叔之母死，既小斂，舉者出户，出户袒，且投其冠，括髮。子游曰：『知禮。』

扶君，卜人師扶右，射人師扶左。君薨，以是舉。

從母之夫，舅之妻，二夫人相爲服，君子未之言也。或曰，同爨緦。

喪事欲其縱縱爾，吉事欲其折折爾。故喪事雖遽不陵節，吉事雖止不怠。故騷騷爾則野，鼎鼎爾則小人，君子蓋猶猶爾。

喪具，君子恥具，一日二日而可爲也者，君子弗爲也。喪服，兄弟之子猶子也，蓋引而進之也。嫂叔之無服也，蓋推而遠之也。姑姊妹之薄也，蓋有受我而厚之者也。

食于有喪者之側，未嘗飽也。

曾子與客立于門側，其徒趨而出。曾子曰：『爾將何之？』曰：『吾父死，將出哭于巷。』曰：『反，哭于爾次。』曾子北面而吊焉。

孔子曰：『之死而致死之，不仁而不可爲也。之死而致生之，不知而不可爲也。是故竹不成用，瓦不成味，木不成斲，琴瑟張而不平，竽笙備而不和，有鐘磬而無簨虡。其曰明器，神明之也。』

有子問于曾子曰：『問喪于夫子乎？』曰：『聞之矣，喪欲速貧，死欲速朽。』

有子曰：『是非君子之言也。』曾子曰：『參也聞諸夫子也。』有子又曰：『是非君子之言也。』曾子曰：『參也與子游聞之。』有子曰：『然，然則夫子有爲言之也。』曾子以斯言告于子游。子游曰：『甚哉，有子之言似夫子也。昔者夫子居于宋，見桓司馬自爲石椁，三年而不成。夫子曰：「若是其靡也，死不如速朽之愈也。」死之欲速朽，爲桓司馬言之也。南宫敬叔反，必載寶而朝。夫子曰：「若是其貨也，喪不如速貧之愈也。」喪之欲速貧，爲敬叔言之也。』曾子以子游之言告于有子，有子曰：『然，吾固曰非夫子之言也。』曾子曰：『子何以知之？』有子曰：『夫子制于中都，四寸之棺，五寸之椁，以斯知不欲速朽也。昔者夫子失魯司寇，將之荆，蓋先之以子夏，又申之以冉有，以斯知不欲速貧也。』

陳莊子死，赴于魯，魯人欲勿哭，繆公召縣子而問焉。縣子曰：『古之大夫，束脩之問不出竟，雖欲哭之，安得而哭之？今之大夫，交政于中國，雖欲勿哭，焉得而弗哭？且臣聞之，哭有二道，有愛而哭之，有畏而哭之。』公曰：『然，然則如之何而可？』縣子曰：『請哭諸異姓之廟。』于是與哭諸縣氏。

仲憲言于曾子曰：『夏后氏用明器，示民無知也；殷人用祭器，示民有知也；周人兼用之，示民疑也。』曾子曰：『其不然乎！其不然乎！夫明器，鬼器也；祭器，人器也。夫古之人，胡爲而死其親乎？』

公叔木有同母異父之昆弟死，問于子游。子游曰：『其大功乎？』狄儀有同母異父之昆弟死，問于子夏，子夏曰：『我未之前聞也。魯人則爲之齊衰。』狄儀行齊衰。今之齊衰，狄儀之問也。

子思之母死于衛，柳若謂子思曰：『子，聖人之後也，四方于子乎觀禮，子蓋慎諸。』子思曰：『吾何慎哉？吾聞之：「有其禮，無其財，君子弗行也；有其禮，有其財，無其時，君子弗行也。」吾何慎哉！』

縣子瑣曰：『吾聞之，古者不降，上下各以其親。滕伯文爲孟虎齊衰，其叔父也。爲孟皮齊衰，其叔父也。』

後木曰：『喪，吾聞諸縣子曰：「夫喪，不可不深長思也。買棺外內易。」我死則亦然。』

曾子曰：『尸未設飾，故帷堂，小斂而徹帷。』仲梁子曰：『夫婦方亂，故帷堂，小斂而徹帷。』小斂之奠，子游曰：『于東方。』曾子曰：『于西方，斂斯席矣。』小斂之奠在西方，魯禮之末失也。

縣子曰：『綌衰、繐裳，非古也。』

子蒲卒，哭者呼滅。子皋曰：『若是野哉！』哭者改之。

杜橋之母之喪，宮中無相，以爲沽也。

夫子曰：『始死，羔裘、玄冠者，易之而已。』羔裘、玄冠，夫子不以弔。

子游問喪具。夫子曰：『稱家之有亡。』子游曰：『有亡惡乎齊？』夫子曰：『有，毋過禮。苟亡矣，斂首足形，還葬，縣棺而封，人豈有非之者哉？』

司士賁告于子游曰：『請襲于床。』子游曰：『諾。』縣子聞之曰：『汰哉叔氏！專以禮許人。』

宋襄公葬其夫人，醯醢百甕。曾子曰：『既曰明器矣，而又實之。』

孟獻子之喪，司徒旅歸四布。夫子曰：『可也。』讀賵，曾子曰：『非古也，是再告也。』

成子高寢疾，慶遺入，請曰：『子之病革矣，如至乎大病，則如之何？』子高曰：『吾聞之也，生有益于人，死不害于人。吾縱生無益于人，吾可以死害于人乎哉！我死，則擇不食之地而葬我焉。』

子夏問諸夫子曰：『居君之母與妻之喪。』『居處、言語、飲食衎爾。』賓客至，無所館，夫子曰：『生于我乎館，死于我乎殯。』

國子高曰：『葬也者，藏也。藏也者，欲人之弗得見也。是故衣足以飾身，棺周于衣，椁周于棺，土周于椁。反壤樹之哉！』

孔子之喪，有自燕來觀者，舍于子夏氏。子夏曰：『聖人之葬人，與人之葬聖人也，子何觀焉？昔者夫子言之曰：「吾見封之若堂者矣，見若坊者矣，見若覆夏屋者矣，見若斧者矣。從若斧者焉，馬鬣封之謂也。」今一日而三斬板，而已封，尚行夫子之志乎哉！』

婦人不葛帶。

有薦新，如朔奠。

既葬，各以其服除。

池視重霤。

君即位而爲椑，歲壹漆之，藏焉。

復、楔齒、綴足、飯、設飾、帷堂並作。父兄命赴者。

君復于小寢、大寢、小祖、大祖、庫門、四郊。

喪不剥，奠也與？祭肉也與？

既殯旬，而布材與明器。

朝奠日出，夕奠逮日。

父母之喪，哭無時，使必知其反也。

練，練衣黄裏、縓緣。葛要絰，繩屨無絇，角瑱。鹿裘衡長袪。袪，裼之可也。

有殯，聞遠兄弟之喪，雖緦必往；非兄弟，雖鄰不往。所識，其兄弟不同居者

天子之棺四重，水、兕革棺被之，其厚三寸，杝棺一，梓棺二，四者皆周。棺束縮二衡三，衽每束一。柏椁以端長六尺。

天子之哭諸侯也，爵弁絰紂衣。或曰，使有司哭之。爲之不以樂食。

天子之殯也，菆塗龍輴以椁，加斧于椁上，畢塗屋，天子之禮也。

唯天子之喪，有別姓而哭。

魯哀公誄孔丘曰：『天不遺耆老，莫相予位焉。嗚呼哀哉！尼父！』國亡大縣邑，公、卿、大夫、士皆厭冠，哭于大廟三日，君不舉。或曰，君舉而哭于后土。

孔子惡野哭者。

未仕者不敢税人，如税人，則以父兄之命。

士備入而後朝夕踴。

祥而縞，是月禫，徙月樂。

君于士有賜帟。

禮記卷第九

檀弓下第四

君之適長殤，車三乘。公之庶長殤，車一乘。大夫之適長殤，車一乘。

公之喪，諸達官之長杖。

君于大夫，將葬，吊于宫，及出，命引之，三步則止。如是者三，君退。朝亦如之，哀次亦如之。

五十無車者，不越疆而吊人。

季武子寢疾，蟜固不説齊衰而入見，曰：『斯道也將亡矣，士唯公門説齊衰。』武子曰：『不亦善乎！君子表微。』及其喪也，曾點倚其門而歌。

大夫吊，當事而至，則辭焉。吊于人，是日不樂。婦人不越疆而吊人。行吊之日，不飲酒食肉焉。吊于葬者，必執引，若從柩及壙，皆執紼。喪，公吊之，必有拜者，雖朋友、州里、舍人可也。吊曰：『寡君承事。』主人曰：『臨。』君遇柩于路，必使人吊之。大夫之喪，庶子不受吊。

妻之昆弟爲父後者死，哭之適室。子爲主，袒、免、哭、踴。夫入門右，使人立于門外，告來者，狎則入哭。父在，哭于妻之室。非爲父後者，哭諸異室。有殯，聞遠兄弟之喪，哭于側室。無側室，哭于門内之右。同國則往哭之。

子張死，曾子有母之喪，齊衰而往哭之。或曰：『齊衰不以吊。』曾子曰：『我吊也與哉？』

有若之喪，悼公吊焉，子游擯，由左。

齊穀王姬之喪，魯莊公爲之大功。或曰：『由魯嫁，故爲之服姊妹之服。』或曰：『外祖母也，故爲之服。』

晋獻公之喪，秦穆公使人吊公子重耳，且曰：『寡人聞之，亡國恒于斯，得國恒于斯。雖吾子儼然在憂服之中，喪亦不可久也，時亦不可失也。孺子其圖之。』以告舅犯，舅犯曰：『孺子其辭焉！喪人無寶，仁親以爲寶。父死之謂何？又因以爲利，而天下其孰能説之？孺子其辭焉。』公子重耳對客曰：『君惠吊亡臣重耳，身喪父死，不得與于哭泣之哀，以爲君憂。父死之謂何？或敢有他志以辱君義。』稽顙而不拜，哭而起，起而不私。子顯以致命于穆公。穆公曰：『仁夫公子重耳！夫稽顙而不拜，則未爲後也，故不成拜。哭而起，則愛父也。起而不私，則遠利也。』

帷殯，非古也，自敬姜之哭穆伯始也。

喪禮，哀戚之至也。節哀，順變也。君子念始之者也。

復，盡愛之道也，有禱祠之心焉。望反諸幽，求諸鬼神之道也。北面，求諸幽之義也。

拜、稽顙，哀戚之至隱也。稽顙，隱之甚也。

飯用米、貝，弗忍虛也。不以食道，用美焉爾。

銘，明旌也，以死者爲不可別已，故以其旗識之。愛之，斯録之矣。敬之，斯盡其道焉耳。重，主道也，殷主綴重焉，周主重徹焉。

奠以素器，以生者有哀素之心也。唯祭祀之禮，主人自盡焉爾，豈知神之所饗？亦以主人有齊敬之心也。

辟踊，哀之至也。有筭，爲之節文也。

袒、括髮，變也。慍，哀之變也。去飾，去美也。袒、括髮，去飾之甚也。有所袒，有所襲，哀之節也。

弁絰葛而葬，與神交之道也，有敬心焉。

周人弁而葬，殷人冔而葬。

歠主人、主婦、室老，爲其病也，君命食之也。

反哭升堂，反諸其所作也。主婦入于室，反諸其所養也。反哭之吊也，哀之至也。反而亡焉，失之矣，于是爲甚。殷既封而吊，周反哭而吊。孔子曰：『殷已愨，吾從周。』

葬于北方，北首，三代之達禮也，之幽之故也。

既封，主人贈，而祝宿虞尸。

既反哭，主人與有司視虞牲，有司以几筵舍奠于墓左，反，日中而虞。

葬日虞，弗忍一日離也。是日也，以虞易奠。卒哭曰成事。

是日也，以吉祭易喪祭，明日，祔于祖父。其變而之吉祭也。比至于祔，必于是日也接，不忍一日未有所歸也。

殷練而祔，周卒哭而祔，孔子善殷。
君臨臣喪，以巫祝桃茢執戈，惡之也。所以異于生也。
喪有死之道焉，先王之所難言也。
喪之朝也，順死者之孝心也。其哀離其室也，故至于祖考之廟而後行。……朝
……祖，周朝而遂葬。
孔子謂爲明器者，知喪道矣，備物而不可用也。哀哉！死者而用生者……，
……殆于用殉乎哉！其曰明器，神明之也。塗車、芻靈，自古有……孔
子謂爲芻靈者善，謂爲俑者不仁，不殆于用人乎哉！
穆公問于子思曰：「爲舊君反服，古與？」子思曰：「古之君子，進人以禮，退
禮，故有舊君反服之禮也。今之君子進人若將加諸膝，……爲
不亦善乎？又何反服之禮之有？」
悼公之喪，季昭子問于孟敬子曰：「爲君何食？」敬子曰……
也。吾三臣者之不能居公室也，四方莫不聞矣。勉而爲瘠，則吾能，毋乃使……

禮記

……我則食食。」
衛司徒敬子死，子夏吊焉，主人未小斂，絰而往。子游吊焉，主人既……
……曰：「聞之也與？」曰：「聞諸夫子，主人未改服，則不絰。」
曾子曰：「晏子可謂知禮也已，恭敬之有焉。」有若曰：「晏子……
……一乘，及墓而反。國君七个，……
曾子曰：「國無道，君子恥盈禮焉。國奢則示之以儉，國儉則示之以禮。」
國昭子之母死，問于子張曰：「葬及墓，男子、婦人安位？」子張曰：「司徒敬
子之喪，夫子相，男子西鄉，婦人東鄉。」曰：「噫！毋。」曰：「我喪也斯沾。爾專之，
賓爲賓焉，主爲主焉。婦人從男子皆西鄉。」
穆伯之喪，敬姜晝哭。文伯之喪，晝夜哭。孔子曰：「知禮矣。」文伯之喪，敬
姜據其床而不哭，曰：「昔者吾有斯子也，吾以將爲賢人也，吾未嘗以就公室。今
及其死也，朋友諸臣未有出涕者，而內人皆行哭失聲。斯子也，必多曠于禮矣夫。」
季康子之母死，陳褻衣。敬姜曰：「婦人不飾，不敢見舅姑。將有四方之賓來，

褻衣何爲陳于斯？」命徹之。

有子與子游立，見孺子慕者，有子謂子游曰：「予壹不知夫喪之踴也，予欲去之久矣。情在于斯，其是夫也。」子游曰：「禮有微情者，有以故興物者，有直情而徑行者，戎狄之道也。禮道則不然，人喜則斯陶，陶斯咏，咏斯猶，猶斯舞，舞斯愠，愠斯戚，戚斯嘆，嘆斯辟，辟斯踴矣。品節斯，斯之謂禮。人死，斯惡之矣。無能也，斯倍之矣。是故制絞衾、設蔞翣，爲使人勿惡也。始死，脯醢之奠。將行，遣而行之。既葬而食之，未有見其饗之者也。自上世以來，未之有舍也，爲使人勿倍也。故子之所刺于禮者，亦非禮之訾也。」

吴侵陳，斬祀殺厲，師還出竟，陳大宰嚭使于師。夫差謂行人儀曰：「是夫也多言，盍嘗問焉？師必有名，人之稱斯師也者，則謂之何？」大宰嚭曰：「古之侵伐者，不斬祀，不殺厲，不獲二毛。今斯師也，殺厲與？其不謂之殺厲之師與？」曰：「反爾地，歸爾子，則謂之何？」曰：「君王討敝邑之罪，又矜而赦之，師與有無名乎？」

顔丁善居喪，始死，皇皇焉如有求而弗得。及殯，望望焉如有從而弗及。既葬，慨焉如不及其反而息。

子張問曰：「《書》云：『高宗三年不言，言乃歡。』有諸？」仲尼曰：「胡爲其不然也？古者天子崩，王世子聽于冢宰三年。」

知悼子卒，未葬。平公飲酒，師曠、李調侍，鼓鐘。杜蕢自外來，聞鐘聲，曰：「安在？」曰：「在寢。」杜蕢入寢，歷階而升，酌，曰：「曠飲斯。」又酌，曰：「調飲斯。」又酌，堂上北面坐飲之。降，趨而出。平公呼而進之曰：「蕢，曩者爾心或開予，是以不與爾言。爾飲曠何也？」曰：「子卯不樂，知悼子在堂，斯其爲子卯也大矣。曠也大師也，不以詔，是以飲之也。」「爾飲調何也？」曰：「調也，君之褻臣也，爲一飲一食，亡君之疾，是以飲之也。」「爾飲何也？」曰：「蕢也，宰夫也，非刀匕是共，又敢與知防，是以飲之也。」平公曰：「寡人亦有過焉，酌而飲寡人。」杜蕢洗而揚觶。公謂侍者曰：「如我死，則必無廢斯爵也。」至于今，既畢獻，斯揚觶，謂之杜舉。

禮記卷第十

檀弓下第四

公叔文子卒，其子戍請謚于君，曰：『日月有時，將葬矣。請所以易其名者。』君曰：『昔者衛國凶饑，夫子爲粥與國之餓者，是不亦惠乎？昔者衛國有難，夫子以其死衛寡人，不亦貞乎？夫子聽衛國之政，脩其班制，以與四鄰交，衛國之社稷不辱，不亦文乎？故謂夫子「貞惠文子」。』

石駘仲卒，無適子，有庶子六人，卜所以爲後者。曰：『沐浴佩玉則兆。』五人者皆沐浴佩玉。石祁子曰：『孰有執親之喪而沐浴佩玉者乎？』不沐浴佩玉。石祁子兆。衛人以龜爲有知也。

陳子車死于衛，其妻與其家大夫謀以殉葬，定而後陳子亢至，以告曰：『夫子疾，莫養于下，請以殉葬。』子亢曰：『以殉葬，非禮也。雖然，則彼疾當養者，孰若妻與宰？得已，則吾欲已。不得已，則吾欲以二子者之爲之也。』于是弗果用。

子路曰：『傷哉貧也！生無以爲養，死無以爲禮也。』孔子曰：『啜菽飲水，盡

子夾我。』陳乾昔死，其子曰：『以殉葬，非禮也，況又同棺乎？』弗果殺。

仲遂卒于垂，壬午猶繹，《萬》入去《籥》。仲尼曰：『非禮也，卿卒不繹。』

季康子之母死，公輸若方小。斂，般請以機封，將從之，公肩假曰：『不可。夫魯有初，公室視豐碑，三家視桓楹。般，爾以人之母嘗巧，則豈不得以？其母以嘗巧者乎？則病者乎？噫！』弗果從。

戰于郎，公叔禺人遇負杖入保者息，曰：『使之雖病也，任之雖重也，君子不能

爲謀也，士弗能死也。不可。我則既言矣。』與其鄰重汪踦往，皆死焉。魯人欲勿殤重汪踦，問于仲尼，仲尼曰：『能執干戈以衛社稷，雖欲勿殤也，不亦可乎？』

子路去魯，謂顔淵曰：『何以贈我？』曰：『吾聞之也，去國，則哭于墓而後行。反其國，不哭，展墓而入。』謂子路曰：『何以處我？』子路曰：『吾聞之也，過墓則式，過祀則下。』

工尹商陽與陳弃疾追吴師，及之。陳弃疾謂工尹商陽曰：『王事也，子手弓，而可手弓。』『子射諸。』射之，斃一人，韔弓。又及，謂之，又斃二人。每斃一人，揜其目。止其御曰：『朝不坐，燕不與，殺三人，亦足以反命矣。』孔子曰：『殺人之中，又有禮焉。』

諸侯伐秦，曹桓公卒于會。諸侯請含，使之襲。襄公朝于荆，康王卒。荆人曰：『必請襲。』魯人曰：『非禮也。』荆人强之。巫先拂柩，荆人悔之。

滕成公之喪，使子叔、敬叔吊，進書，子服惠伯爲介。及郊，爲懿伯之忌，不入。惠伯曰：『政也，不可以叔父之私，不將公事。』遂入。

哀公使人吊蕢尚，遇諸道，辟于路，畫宫而受吊焉。曾子曰：『蕢尚不如杞梁之妻之知禮也。齊莊公襲莒于奪，杞梁死焉。其妻迎其柩于路而哭之哀，莊公使人吊之，對曰：『君之臣不免于罪，則將肆諸市朝，而妻妾執。君之臣免于罪，則有先人之敝廬在。君無所辱命。』

孺子贛之喪，哀公欲設撥，問于有若。有若曰：『其可也。君之三臣猶設之。』顔柳曰：『天子龍輴而椁幬，諸侯輴而設幬，爲榆沈，故設撥。三臣者廢輴而設撥，竊禮之不中者也，而君何學焉？』

悼公之母死，哀公爲之齊衰。有若曰：『爲妾齊衰，禮與？』公曰：『吾得已乎哉？魯人以妻我。』

季子皋葬其妻，犯人之禾。申祥以告，曰：『請庚之。』子皋曰：『孟氏不以是罪予，朋友不以是弃予，以吾爲邑長于斯也，買道而葬，後難繼也。』

仕而未有禄者，君有饋焉曰獻，使焉曰寡君。違而君薨，弗爲服也。

虞而立尸，有几筵。卒哭而諱，生事畢而鬼事始已。既卒哭，宰夫執木鐸以命于宮曰：『舍故而諱新。』自寢門至于庫門。

二名不偏諱。夫子之母名徵在，言在不稱徵，言徵不稱在。

軍有憂，則素服哭于庫門之外，赴車不載櫜韔。

有焚其先人之室，則三日哭。故曰：『新宮火，亦三日哭。』

孔子過泰山側，有婦人哭于墓者而哀，夫子式而聽之，使子貢問之，曰：『子之哭也，壹似重有憂者。』而曰：『然，昔者吾舅死于虎，吾夫又死焉，今吾子又死焉。』夫子曰：『何爲不去也？』曰：『無苛政。』夫子曰：『小子識之，苛政猛于虎也。』

魯人有周豐也者，哀公執摯請見之，而曰不可。公曰：『我其已夫。』使人問焉，曰：『有虞氏未施信于民而民信之，夏后氏未施敬于民而民敬之，何施而得斯于民也？』對曰：『墟墓之間，未施哀于民而民哀。社稷宗廟之中，未施敬于民而民敬。殷人作誓而民始畔，周人作會而民始疑。苟無禮義、忠信、誠慤之心以莅之，雖固結之，民其不解乎？』

喪不慮居，毀不危身。喪不慮居，爲無廟也。毀不危身，爲無後也。

延陵季子適齊，于其反也，其長子死，葬于嬴博之間。孔子曰：『延陵季子，吴之習于禮者也。』往而觀其葬焉。其坎深不至于泉，其斂以時服。既葬而封，廣輪揜坎，其高可隱也。既封，左袒，右還其封且號者三，曰：『骨肉歸復于土，命也。若魂氣則無不之也，無不之也。』而遂行。孔子曰：『延陵季子之于禮也，其合矣乎。』

邾婁考公之喪，徐君使容居來吊、含，曰：『寡君使容居坐含，進侯玉。』其使容居以含。有司曰：『諸侯之來辱敝邑者，易則易，于則于，易于雜者，未之有也。』容居對曰：『容居聞之，事君不敢忘其君，亦不敢遺其祖。昔我先君駒王西討，濟于河，無所不用斯言也。容居，魯人也，不敢忘其祖。』

子思之母死于衛，赴于子思，子思哭于廟。門人至，曰：『庶氏之母死，何爲哭于孔氏之廟乎？』子思曰：『吾過矣，吾過矣。』遂哭于他室。

天子崩，三日，祝先服，五日，官長服，七日，國中男女服，三月，天下服。虞人致百祀之木，可以爲棺椁者斬之。不至者，廢其祀，刎其人。

齊大饑，黔敖爲食于路，以待餓者而食之。有餓者蒙袂輯屨，貿貿然來。黔敖左奉食，右執飲，曰：『嗟，來食！』揚其目而視之，曰：『予唯不食嗟來之食，以至于斯也。』從而謝焉，終不食而死。曾子聞之曰：『微與！其嗟也可去，其謝也可食。』

邾婁定公之時，有弑其父者。有司以告，公瞿然失席，曰：『是寡人之罪也。』曰：『寡人嘗學斷斯獄矣。臣弑君，凡在官者殺無赦。子弑父，凡在宫者殺無赦。殺其人，壞其室，洿其宫而豬焉。蓋君逾月而後舉爵。』

晋獻文子成室，晋大夫發焉。張老曰：『美哉輪焉！美哉奂焉！歌于斯，哭于斯，聚國族于斯。』文子曰：『武也得歌于斯，哭于斯，聚國族于斯，是全要領以從先大夫于九京也。』北面再拜稽首。君子謂之善頌善禱。

仲尼之畜狗死，使子貢埋之，曰：『吾聞之也，敝帷不弃，爲埋馬也。敝蓋不弃，爲埋狗也。丘也貧，無蓋，于其封也，亦予之席，毋使其首陷焉。』路馬死，埋之以帷。

季孫之母死，哀公弔焉。曾子與子貢弔焉，閽人爲君在，弗内也。曾子與子貢

入于其厩而脩容焉。子貢先入，閽人曰：『鄉者已告矣。』曾子後入，閽人辟之。涉内霤，卿大夫皆辟位，公降一等而揖之。君子言之曰：『盡飾之道，斯其行者遠矣。』

陽門之介夫死，司城子罕入而哭之哀。晋人之覘宋者，反報于晋侯曰：『陽門之介夫死，而子罕哭之哀，而民説，殆不可伐也。』孔子聞之曰：『善哉覘國乎！《詩》云：「凡民有喪，扶服救之。」雖微晋而已，天下其孰能當之？』

魯莊公之喪，既葬，而絰不入庫門。士大夫既卒哭，麻不入。

孔子之故人曰原壤，其母死，夫子助之沐椁。原壤登木曰：『久矣，予之不託于音也。』歌曰：『貍首之班然，執女手之卷然。』夫子爲弗聞也者而過之。從者曰：『子未可以已乎？』夫子曰：『丘聞之，親者毋失其爲親也，故者毋失其爲故也。』

趙文子與叔譽觀乎九原。文子曰：『死者如可作也，吾誰與歸？』叔譽曰：『其陽處父乎？』文子曰：『行并植于晋國，不没其身，其知不足稱也。』『其舅犯乎？』文子曰：『見利不顧其君，其仁不足稱也。我則隨武子乎？利其君不忘其身，謀其身不遺其友。』晋人謂文子知人。文子其中退然如不勝衣，其言吶吶然如不出諸其

口。所舉于晉國管庫之士七十有餘家，生不交利，死不屬其子焉。

叔仲皮學子柳。叔仲皮死，其妻魯人也，衣衰而繆絰。叔仲衍以告，請繐衰而環絰，曰：『昔者吾喪姑姊妹亦如斯，末吾禁也。』退，使其妻繐衰而環絰。

成人有其兄死而不爲衰者，聞子臯將爲成宰，遂爲衰。成人曰：『蠶則績而蟹有匡，范則冠而蟬有緌，兄則死而子臯爲之衰。』

樂正子春之母死，五日而不食，曰：『吾悔之，自吾母而不得吾情，吾惡乎用吾情？』

歲旱，穆公召縣子而問然，曰：『天久不雨，吾欲暴尫而奚若？』曰：『天久不雨，而暴人之疾子，虐，毋乃不可與？』『然則吾欲暴巫而奚若？』曰：『天則不雨，而望之愚婦人，于以求之，毋乃已疏乎？』『徙市則奚若？』曰：『天子崩，巷市七日。諸侯薨，巷市三日。爲之徙市，不亦可乎？』

孔子曰：『衛人之祔也離之，魯人之祔也合之，善夫！』

禮記卷第十一

王制第五

王者之制祿爵：公、侯、伯、子、男，凡五等。諸侯之上大夫卿、下大夫、上士、中士、下士，凡五等。

天子之田方千里，公侯田方百里，伯七十里，子男五十里。不能五十里者，不合于天子，附于諸侯曰附庸。天子之三公之田視公侯，天子之卿視伯，天子之大夫視子男，天子之元士視附庸。

制：農田百畝。百畝之分，上農夫食九人，其次食八人，其次食七人，其次食六人，下農夫食五人。庶人在官者，其祿以是爲差也。諸侯之下士視上農夫，祿足以代其耕也。中士倍下士，上士倍中士，下大夫倍上士。卿四大夫祿，君十卿祿。次國之卿三大夫祿，君十卿祿。小國之卿倍大夫祿，君十卿祿。

次國之上卿，位當大國之中，中當其下，下當其上大夫。小國之上卿，位當大國之下卿，中當其上大夫，下當其下大夫。其有中士、下士者，數各居其上之三分。

凡四海之内九州，州方千里，州建百里之國三十，七十里之國六十，五十里之國百有二十，凡二百一十國。名山大澤不以封，其餘以爲附庸間田。八州，州二百一十國。

天子之縣内，方百里之國九，七十里之國二十有一，五十里之國六十有三，凡九十三國。名山大澤不以朌，其餘以禄士，以爲間田。

凡九州，千七百七十三國。天子之元士，諸侯之附庸，不與。

天子百里之内以共官，千里之内以爲御。

千里之外設方伯，五國以爲屬，屬有長。十國以爲連，連有帥。三十國以爲卒，卒有正。二百一十國以爲州，州有伯。八州八伯，五十六正，百六十八帥，三百三十六長。八伯各以其屬，屬于天子之老二人，分天下以爲左右，曰二伯。

千里之内曰甸，千里之外曰采，曰流。

天子，三公，九卿，二十七大夫，八十一元士。大國三卿，皆命于天子，下大夫五人，上士二十七人。次國三卿，二卿命于天子，一卿命于其君，下大夫五人，上士二十七人。小國二卿，皆命于其君，下大夫五人，上士二十七人。

天子使其大夫爲三監，監于方伯之國，國三人。

天子之縣内諸侯，禄也；外諸侯，嗣也。

制：三公一命卷，若有加則賜也，不過九命。次國之君，不過七命。小國之君，不過五命。大國之卿，不過三命。下卿再命。小國之卿與下大夫一命。

凡官民材，必先論之。論辨，然後使之。任事，然後爵之。位定，然後禄之。

爵人于朝，與士共之。刑人于市，與衆弃之。是故公家不畜刑人，大夫弗養，士遇之塗，弗與言也。屏之四方，唯其所之，不及以政，亦弗故生也。

諸侯之于天子也，比年一小聘，三年一大聘，五年一朝。

天子五年一巡守。歲二月，東巡守，至于岱宗。柴而望，祀山川。覲諸侯，問百年者就見之。命大師陳詩，以觀民風。命市納賈，以觀民之所好惡，志淫好辟。命典禮，考時月，定日，同律、禮、樂、制度、衣服，正之。山川神祇，有不舉者爲不敬，不敬者君削以地。宗廟有不順者爲不孝，不孝者君絀以爵。變禮易樂者爲不從，

革制度衣服者爲畔，畔者君討。有功德于民者，加地進律。五月，南

嶽，如東巡守之禮。八月，西巡守至于西嶽，如南巡守之禮。十有一月，

北巡守至于北嶽，如西巡守之禮。歸假于祖禰，用特。

禮記

禮記卷第十二

王制第五

將出，類乎上帝，宜乎社，造乎禰。諸侯將出，宜乎社，造乎禰。

天子無事，與諸侯相見曰朝。考禮、正刑、一德，以尊于天子。天子賜諸侯樂，

將之，賜伯、子、男樂，則以鼗將之。諸侯賜弓矢，然後征。賜鈇鉞，然後殺。

然後爲鬯。未賜圭瓚，則資鬯于天子。

然後爲學。小學在公宮南之左，大學在郊。天子曰辟廱，諸侯曰

宜乎社，造乎禰，禡于所征之地。受命于祖，受成于學。

釋奠于學，以訊馘告。

天子諸侯無事，則歲三田，一爲乾豆，二爲賓客，三爲充君之庖。無事而不田，

不敬。田不以禮，曰暴天物。天子不合圍，諸侯不掩群。天子殺則下大綏，諸

小綏，大夫殺則止佐車。佐車止則百姓田獵。獺祭魚，然後虞人入澤梁。

祭獸，然後田獵。鳩化爲鷹，然後設罻羅。草木零落，然後入山林。昆蟲未蟄，不以火田，不麛，不卵，不殺胎，不殀夭，不覆巢。

冢宰制國用，必于歲之杪，五穀皆入，然後制國用。用地小大，視年之豐秏。以三十年之通制國用，量入以爲出，祭用數之仂。喪，三年不祭，唯祭天地社稷，爲越紼而行事。喪用三年之仂。喪祭用不足曰暴，有餘曰浩。祭，豐年不奢，凶年不儉。國無九年之蓄曰不足，無六年之蓄曰急，無三年之蓄曰國非其國也。三年耕，必有一年之食。九年耕，必有三年之食。以三十年之通，雖有凶旱水溢，民無菜色，然後天子食，日舉以樂。

天子七日而殯，七月而葬。諸侯五日而殯，五月而葬。大夫、士、庶人三日而殯，三月而葬。三年之喪，自天子達。庶人縣封，葬不爲雨止，不封不樹。喪不貳事，自天子達于庶人。喪從死者，祭從生者。支子不祭。

天子七廟，三昭三穆，與大祖之廟而七。諸侯五廟，二昭二穆，與大祖之廟而五。大夫三廟，一昭一穆，與大祖之廟而三。士一廟。庶人祭于寢。

天子諸侯宗廟之祭，春曰礿，夏曰禘，秋曰嘗，冬曰烝。天子祭天地，諸侯祭社稷，大夫祭五祀。天子祭天下名山大川，五嶽視三公，四瀆視諸侯。諸侯祭名山大川之在其地者。

天子諸侯，祭因國之在其地而無主後者。

天子犆礿，祫禘，祫嘗，祫烝。諸侯礿則不禘，禘則不嘗，嘗則不烝，烝則不礿。諸侯礿犆，禘一犆一祫，嘗祫，烝祫。

天子社稷皆大牢，諸侯社稷皆少牢。大夫、士宗廟之祭，有田則祭，無田則薦。庶人春薦韭，夏薦麥，秋薦黍，冬薦稻。韭以卵，麥以魚，黍以豚，稻以鴈。祭天地之牛角繭栗，宗廟之牛角握，賓客之牛角尺。諸侯無故不殺牛，大夫無故不殺羊，士無故不殺犬豕，庶人無故不食珍。

庶羞不逾牲，燕衣不逾祭服，寢不逾廟。

古者公田藉而不稅，市廛而不稅，關譏而不征。林麓川澤，以時入而不禁。夫圭田無征。

用民之力，歲不過三日。田里不粥，墓地不請。

司空執度度地，居民山川沮澤，時四時。量地遠近，興事任力。凡使民，任老者之事，食壯者之食。

凡居民材，必因天地寒暖燥濕。廣谷大川異制，民生其間者異俗，剛柔、輕重、遲速異齊。五味異和，器械異制，衣服異宜。脩其教，不易其俗。齊其政，不易其宜。中國戎夷，五方之民，皆有性也，不可推移。東方曰夷，被髮文身，有不火食者矣。南方曰蠻，雕題交趾，有不火食者矣。西方曰戎，被髮衣皮，有不粒食者矣。北方曰狄，衣羽毛穴居，有不粒食者矣。中國、夷、蠻、戎、狄，皆有安居、和味、宜服、利用、備器。五方之民，言語不通，嗜欲不同。達其志，通其欲，東方曰寄，南方曰象，西方曰狄鞮，北方曰譯。

凡居民，量地以制邑，度地以居民，地邑民居，必參相得也。無曠土，無游民，食節事時，民咸安其居，樂事勸功，尊君親上，然後興學。

禮記卷第十三

王制第五

司徒脩六禮以節民性，明七教以興民德，齊八政以防淫，一道德以同俗，養耆老以致孝，恤孤獨以逮不足，上賢以崇德，簡不肖以絀惡。命鄉簡不帥教者以告。耆老皆朝于庠，元日習射上功，習鄉上齒。大司徒帥國之俊士與執事焉。不變，命國之右鄉，簡不帥教者移之左。命國之左鄉，簡不帥教者移之右，如初禮。不變，移之郊，如初禮。不變，移之遂，如初禮。不變，屏之遠方，終身不齒。命鄉論秀士，升之司徒，曰選士。司徒論選士之秀者而升之學，曰俊士。升于司徒者不征于鄉，升于學者不征于司徒，曰造士。樂正崇四術，立四教。順先王《詩》《書》《禮》《樂》以造士。春秋教以《禮》、《樂》，冬夏教以《詩》、《書》。王大子、王子、群后之大子，卿大夫、元士之適子，國之俊選，皆造焉。凡入學以齒。將出學，小胥、大胥、小樂正簡不帥教者，以告于大樂正，大樂正以告于王。王命三公、九卿、大夫、元士皆入學。不變，王親視學。不變，王三日不舉。屏之遠方，西方曰棘，東方曰寄，終身不齒。大樂正論造士之秀者，以告于王，而升諸司馬，曰進士。

司馬辨論官材，論進士之賢者，以告于王，而定其論。論定，然後官之。任官，然後爵之。位定，然後祿之。大夫廢其事，終身不仕，死以士禮葬之。有發，則命大司徒教士以車甲。凡執技論力，適四方，贏股肱，決射御。凡執技以事上者，祝、史、射、御、醫、卜及百工。凡執技以事上者，不貳事，不移官，出鄉不與士齒。仕于家者，出鄉不與士齒。

司寇正刑明辟，以聽獄訟。必三刺。有旨無簡，不聽。附從輕，赦從重。凡制五刑，必即天論。郵罰麗于事。凡聽五刑之訟，必原父子之親，立君臣之義以權之。意論輕重之序，慎測淺深之量以別之。悉其聰明，致其忠愛以盡之。疑獄，氾與衆共之。衆疑，赦之。必察小大之比以成之。成獄辭，史以獄成告于正，正聽之。正以獄成告于大司寇，大司寇聽之棘木之下。大司寇以獄之成告于王，王命三公參聽之。三公以獄之成告于王，王三又，然後制刑。凡作刑罰，輕無赦。刑者侀也，侀者成也，一成而不可變，故君子盡心焉。析言破律，亂名改作，執左道以亂政，殺。

作淫聲，異服，奇技，奇器以疑衆，殺。行僞而堅，言僞而辯，學非而博，順非而澤以疑衆，殺。假于鬼神、時日、卜筮以疑衆，殺。此四誅者，不以聽。凡執禁以齊衆，不赦過。有圭璧金璋，不粥于市。命服命車，不粥于市。宗廟之器，不粥于市。犧牲不粥于市。戎器不粥于市。用器不中度，不粥于市。兵車不中度，不粥于市。布帛精粗不中數，幅廣狹不中量，不粥于市。奸色亂正色，不粥于市。錦文珠玉成器，不粥于市。衣服飲食，不粥于市。五穀不時，果實未孰，不粥于市。木不中伐，不粥于市。禽獸魚鱉不中殺，不粥于市。關執禁以譏，禁異服，識異言。

大史典禮，執簡記，奉諱惡。

天子齊戒受諫。司會以歲之成，質于天子。冢宰齊戒受質。大樂正、大司寇、市三官以其成，從質于天子。大司徒、大司馬、大司空齊戒受質。百官各以其成，質于三官。大司徒、大司馬、大司空以百官之成，質于天子。百官齊戒受質，然後休老勞農，成歲事，制國用。

凡養老，有虞氏以燕禮，夏后氏以饗禮，殷人以食禮，周人脩而兼用之。

五十養于鄉，六十養于國，七十養于學，達于諸侯。八十拜君命，一坐再至，瞽亦如之。九十使人受。五十異粻，六十宿肉，七十貳膳，八十常珍，九十飲食不離寢，膳飲從于游可也。六十歲制，七十時制，八十月制，九十日脩。唯絞、紟衾、冒，死而後制。五十始衰，六十非肉不飽，七十非帛不暖，八十非人不暖，九十雖得人不暖矣。五十杖于家，六十杖于鄉，七十杖于國，八十杖于朝，九十者，天子欲有問焉，則就其室，以珍從。七十不俟朝，八十月告存，九十日有秩。五十不從力政，六十不與服戎，七十不與賓客之事，八十齊喪之事弗及也。五十而爵，六十不親學，七十致政，唯衰麻爲喪。

有虞氏養國老于上庠，養庶老于下庠。夏后氏養國老于東序，養庶老于西序。殷人養國老于右學，養庶老于左學。周人養國老于東膠，養庶老于虞庠，虞庠在國之西郊。有虞氏皇而祭，深衣而養老。夏后氏收而祭，燕衣而養老。殷人冔而祭，縞衣而養老。周人冕而祭，玄衣而養老。凡三王養老皆引年。八十者，一子不從政，九十者，其家不從政。廢疾非人不養者，一人不從政。父母之喪，三年不從政。齊衰大功之喪，三月不從政。將徙于諸侯，三月不從政。自諸侯來徙家，期不從政。

少而無父者謂之孤，老而無子者謂之獨，老而無妻者謂之矜，老而無夫者謂之寡。此四者，天民之窮而無告者也，皆有常餼。

瘖、聾、跛躃、斷者、侏儒，百工各以其器食之。

道路：男子由右，婦人由左，車從中央。父之齒隨行，兄之齒雁行，朋友不相踰。輕任并，重任分，班白不提挈。

君子耆老不徒行，庶人耆老不徒食。

大夫祭器不假。祭器未成，不造燕器。

方一里者，爲田九百畝。方十里者，爲方一里者百，爲田九萬畝。方百里者，爲方十里者百，爲田九十億畝。方千里者，爲方百里者百，爲田九萬億畝。

自恒山至于南河，千里而近。自南河至于江，千里而近。自江至于衡山，千里而遥。自東河至于東海，千里而遥。自東河至于西河，千里而近。自西河至于流沙，千里而遥。西不盡流沙，南不盡衡山，東不盡東海，北不盡恒山。凡四海之內，斷長補短，方三千里，爲田八十萬億一萬億畝。方百里者，爲田九十億畝。山陵、林麓、川澤、溝瀆、城郭、宮室、塗巷，三分去一，其餘六十億畝。

古者以周尺八尺爲步，今以周尺六尺四寸爲步。古者百畝，當今東田百四十六畝三十步。古者百里，當今百二十一里六十步四尺二寸二分。

方千里者，爲方百里者百，封方百里者三十國，其餘方百里者七十。又封方七十里者六十，爲方百里者二十九，方十里者四十，其餘方百里者四十，方十里者六十。又封方五十里者百二十，爲方百里者三十，其餘方百里者十，方十里者六十。名山大澤不以封，其餘以爲附庸間田。諸侯之有功者，取于間田以禄之，其有削地者，歸之間田。

天子之縣內，方千里者，爲方百里者百，封方百里者九，其餘方百里者九十一。又封方七十里者二十一，爲方百里者十，方十里者二十九，其餘方百里者八十，方十里者七十一。又封方五十里者六十三，爲方百里者十五，方十里者七十五，其餘方百里者六十四，方十里者九十六。

諸侯之下士禄食九人，中士食十八人，上士食三十六人，下大夫食七十二人，卿食二百八十八人，君食二千八百八十人。次國之卿食二百一十六人，君食二千一百六十人。小國之卿食百四十四人，君食千四百四十人。次國之卿，命于其君者，如小國之卿。天子之大夫爲三監，監于諸侯之國者，其禄視諸侯之卿，其爵視次國之君，其禄取之于方伯之地。方伯爲朝天子，皆有湯沐之邑于天子之縣內，視元士。諸侯世子世國。大夫不世爵，使以德，爵以功。未賜爵，視天子之元士，以君其國。諸侯之大夫，不世爵禄。

六禮：冠、昏、喪、祭、鄉、相見。七教：父子、兄弟、夫婦、君臣、長幼、朋友、賓客。八政：飲食、衣服、事爲、異別、度、量、數、制。

禮記卷第十四

月令第六

孟春之月，日在營室，昏參中，旦尾中。其日甲乙。其帝大皞，其神句芒。其蟲鱗。其音角，律中大蔟。其數八。其味酸，其臭羶。其祀户，祭先脾。東風解凍，蟄蟲始振，魚上冰，獺祭魚，鴻雁來。天子居青陽左个，乘鸞路，駕倉龍，載青旂，衣青衣，服倉玉，食麥與羊，其器疏以達。

是月也，以立春。先立春三日，大史謁之天子曰：『某日立春，盛德在木。』天子乃齊。立春之日，天子親帥三公、九卿、諸侯、大夫，以迎春于東郊。還反，賞公、卿、諸侯、大夫于朝。

命相布德和令，行慶施惠，下及兆民。慶賜遂行，毋有不當。

乃命大史，守典奉法，司天日月星辰之行，宿離不貸，毋失經紀，以初爲常。

是月也，天子乃以元日祈穀于上帝。乃擇元辰，天子親載耒耜，措之于參保介

御之間，帥三公、九卿、諸侯、大夫躬耕帝藉。天子三推，三公五推，卿諸侯九推。反，執爵于大寢，三公、九卿、諸侯、大夫皆御，命曰勞酒。

是月也，天氣下降，地氣上騰，天地和同，草木萌動。王命布農事，命田舍東郊，皆脩封疆，審端經術。善相丘陵、阪險、原隰，土地所宜，五穀所殖，以教道民，必躬親之。田事既飭，先定準直，農乃不惑。

是月也，命樂正入學習舞。乃脩祭典。命祀山林川澤，犧牲毋用牝。禁止伐木。毋覆巢，毋殺孩蟲、胎、夭、飛鳥，毋麛毋卵。毋聚大衆，毋置城郭。掩骼埋胔。

是月也，不可以稱兵，稱兵必天殃。兵戎不起，不可從我始。毋變天之道，毋絶地之理，毋亂人之紀。

孟春行夏令，則雨水不時，草木蚤落，國時有恐。行秋令，則其民大疫，猋風暴雨總至，藜莠蓬蒿並興。行冬令，則水潦爲敗，雪霜大摯，首種不入。